カバの ふしぎな うんち

こんちゅうバトル

シマリスの とくいわざ

DVDのみどころ

いきものの ふしぎで おもしろい えいぞうが いっぱい！
リアルで はくりょくの ある いきものの すがたを たのしんで ください。

スズメの すは どこに ある？

キリンの くびは どう つかう？

ライオンの はくりょくの かり

保護者の方へ
この本の特長と使い方

この図鑑は脳医学者の瀧靖之先生と、「賢い脳」を育てることを目的に作りました。「賢い脳」を育てるしかけが、随所にちりばめてあります。年齢に合わせて、興味をもったところから、読み聞かせをはじめてください。きっと好奇心旺盛で、学ぶことが大好きな「賢い脳」に育ちます。

脳に効く！ 読み聞かせ図鑑
すごいわね！
これみてて！

ステップ1
迫力の写真を見ながら、ふきだしを読む
ふきだしのセリフを感情をこめて読み、親子で生きもののさまざまな特ちょうを楽しく学びましょう。

脳科学ポイント 読み聞かせで「愛着形成」
読み聞かせは、親と子の絆を深めます。愛着形成ともいい、脳機能の順調な発育に大きな影響をおよぼします。将来の学力にも直結します。

ステップ2
コミュニケーションコラムでお話をする
お話のきっかけになる、問いかけや観察のヒントがあります。たくさんお話をしてみてください。

脳科学ポイント 好奇心を刺激する
脳は「好き」と感じたことは、どんどん吸収します。子どもの「好奇心」をどんどん刺激しましょう。親が一緒に楽しむことも大切です。

ステップ3
映像を見る
NHKの貴重なアーカイブから抜粋した映像です。子どもひとりでも楽しめます。

脳科学ポイント リアルの体験
学んだことを、「リアル」に体験することで、知識が定着し、さらに「好奇心」が芽生えます。身近な生きものに触れることはもちろん、DVDでも「リアル」に近い体験ができます。

ステップ4
生きものの解説を読む
ページの始めと各所にある、生きものの解説で、理解を深めましょう。

脳科学ポイント 「わかる」よろこび
好奇心をもち、さらに「わかる」ことにより、脳が快感を感じます。これにより「学ぶ」ことが好きな脳になります。

ステップ5
ゲーム感覚でクイズを楽しむ
慣れてきたら、子どもにクイズを出してもらうのもおすすめです。

脳科学ポイント 子どもから発信
自分から発信することは、小さな成功体験になり、「学ぶ」喜びをさらに高めます。

もっとくわしく知りたくなったら、動く図鑑MOVEシリーズへ進級！

もくじ

講談社の動く図鑑 MOVE
はじめてのずかん みぢかないきもの

まちの いきもの 4
ダンゴムシ 6
アリ 8
チョウ 10
テントウムシ／セミ 12
バッタ／カマキリ 13
ツバメほか 14
カラス 16
なんの はっぱ？ 18
くさばなあそび 20
よるの いきもの 22

クイズ どこに いるかな？ 24

どうぶつえん
ゾウ 26
キリン 28
ライオンほか 30
いろいろな いきもの 32

ペット 34

さとやまの いきもの 36
カブトムシと クワガタムシ 38
ミツバチほか 40
いろいろな むし 42
あきに なく むし 44
かりを する とり 46

うたう とり 48
やまの どうぶつ 50
どんぐりと まつぼっくり 52
やまの めぐみ 54

ぼくじょうの いきもの 56

すいぞくかん
ペンギン 58
イルカほか 60
サメと エイ 62
いろいろな いきもの 64

みずべの いきもの 66
トンボ 68
ホタルほか 70
カエルほか 72
みずべの とり 74
しおだまりの いきもの 76
うみの きけんな いきもの 78

クイズ だれの うんちかな？ 80

いきものと むかしばなし
さるかにがっせん 81
かちかちやま 84
じゅうにしの はじまり 86

まちの いきもの

しぜんの すくない まちの なかでも たくさんの いきものが くらして います。ちかくの こうえんへ いって みましょう。あたたかい きせつには、ほら、いろいろな いきものに であえますよ。

🙌 ダンゴムシの からだ

ダンゴムシは おちばや うえきばちの したなどが すきです。さがして みよう！

- からだを まもる かたい こうら
- しょっかく
- まるく なりやすい こうらの かたち

オカダンゴムシ（オス）

💩 ダンゴムシの うんち

ごま　うんち

わぁ！あしが いっぱい！

ダンゴムシは おちばなどを たべて います。とても ちいさい しかくい うんちを します。

🍼 ダンゴムシの こども

おかあさんの おなかの たまごから あかちゃんが でて きた ところ。

あかちゃんも まるく なるんだよ

おやこではなそう

🐼 まるく ならない ダンゴムシ！？

ダンゴムシに すがたが よく にた ワラジムシと いう むしが います。ワラジムシは まるく なりません。

ワラジムシ

びっくりクイズ　オカダンゴムシの あしは なんぼん あるのかな？　　こたえ：14ほん

まちの いきもの

アリ

アリは じょおうアリを ちゅうしんに して、おおぜいの かぞくで くらして います。じめんを ほって、たくさんの へやの ある すを つくります。

はたらきものの はたらきアリ

「すから つちを だして いるんだ」

「いい えものを つかまえた!」

「おおきく なあれ こどもたち!」

はたらきアリは すを ひろげたり えさを あつめたり、ようちゅうなどの せわも します。

アリの すを みて みよう!

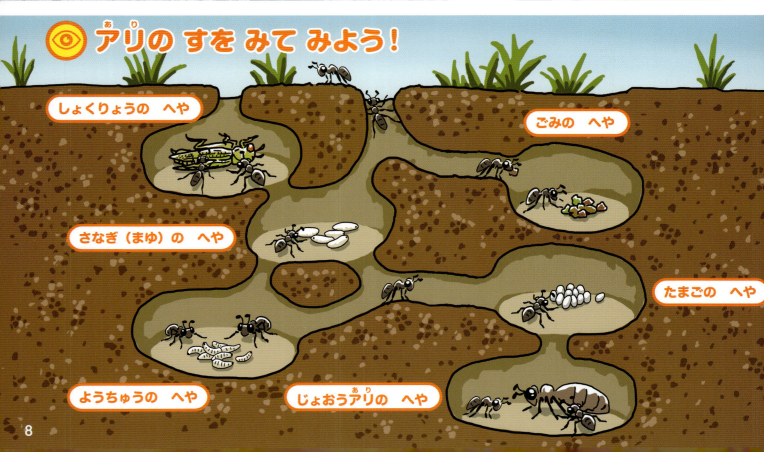

しょくりょうの へや
ごみの へや
さなぎ(まゆ)の へや
たまごの へや
ようちゅうの へや
じょおうアリの へや

アリの からだ

ちからもちだよ

こんにちは

あじや においが わかる しょっかく

じょうぶな おおあご

わぁ! けが いっぱい!

クロオオアリ

アリは、なかまか どうかを においで しらべます。

アリの なかま

クロヤマアリ

アミメアリ

おやこではなそう

アリの ぎょうれつを じゃまして みよう!

アリの れつの とちゅうに じゃまな ものを おいて みましょう。
アリたちは どう するのかな?

あたらしい じょおうアリ

じょおうアリ

オスアリ

はるから なつに なると、はねを もつ、わかい じょおうアリが うまれ、はねを もつ オスアリたちと そらに とびたちます。 あたらしい かぞくを つくる ためです。

びっくりクイズ　ふゆに アリが みつけられないのは なぜ?　こたえ:ふゆは すの なかで じっと しているから。

アゲハチョウの いっしょう

チョウの なかま

📝 **ものしりメモ** 5れい ようちゅうの まるい もようは、てきを おどかす ための もので、めでは ありません。

テントウムシ

アブラムシが だいこうぶつだよ

いろんな もようが あるね

ナナホシテントウ

ナミテントウ

ボールを はんぶんに きったような からだの かたちです。せなかには きれいな もようが あります。

ナナホシテントウの ようちゅう

セミ

せいちゅうの オスは おおきな こえで なきます。ようちゅうのときは つちの なかで すごします。

ジージージリジリ

ミーンミンミンミー

カナカナカナ

ヒグラシ

オーシーツクツク

アブラゼミ

ミンミンゼミ

ツクツクボウシ

おやこではなそう
セミの ぬけがらを あつめてみよう！

つちから でて きた ようちゅうが だっぴした あとの かわが 「セミの ぬけがら」です。

アブラゼミの ぬけがら

ミンミンゼミの ぬけがら

ツクツクボウシの ぬけがら

ヒグラシの ぬけがら

びっくりクイズ　セミの ようちゅうは なにを たべて いるのかな？　　こたえ：きの ねの しる

ツバメ

まちの いきもの

なつの はじめに なると にっぽんに やって くる わたりどりです。
ひとの いえの のきさきなどに すを つくって こそだてを します。

たんぼの うえを とんで むしを さがして いるよ

もう ちょっと まってね

ピーピー ぼくにも はやく たべさせて！

おやこではなそう

ひとの やくに たつ とり

ツバメは、まちの なかを とんでまわり、むしを つかまえます。
カや ハエなどの がいちゅうを たべて くれるので、むかしから ひとに たいせつに されて いる とりです。

すの ざいりょうを あつめる ツバメ

ものしりメモ ツバメは あつめた かれくさや どろに だえきを まぜて すを つくります。

まちの いきもの
カラス

ぜんしんが まっくろの、まちの なかで よく みかける とりです。とりの なかで いちばん あたまが いいと いわれて います。

みてみよう! DVD

しゅうだんで クマタカから えものを よこどりしようと して います。

むりやり うばっちゃおう

クマタカ

それ ちょうだい

あたま いいでしょ

たかい ところから かいを おとしたり、くるまに クルミを ひかせたり して、かたい かいがらや からを わり、なかみを たべます。

ものしりメモ からだが くろくない カラスの なかまも います。

まちには 2しゅるいの カラスが いるよ

ガァー ガァー

カァー カァー

ハシブトガラス
まちに おおく すんで います。
ふとい くちばしを して います。

ハシボソガラス
たんぼや はたけに おおく すんで います。
ほそい くちばしを して います。

カラスの す

くろじゃないの！

まちの カラスの す

カラスの たまご

やまの カラスの すと ひな

カラスは なにを たべるの？
やさい、むし、ちいさな どうぶつ、ほかの とりの ひななど、なんでも たべます。まちでは、ひとの だす ごみも あさります。

ものしりメモ カラスの なかには、こうえんの すべりだいを すべって あそぶ ものも います。

まちの いきもの

なんの はっぱ？

なつから あきに なると、はっぱの いろが みどりから あかや きいろに かわる きが たくさん あります。そうして、きは はっぱを おとして、ふゆじたくを するのです。

ユリノキ

ケヤキ

ポプラ

コナラ

クヌギ

サクラ

けしきの かわる なみきみち

なつ

あき

みちの りょうがわの イチョウの きが、あきに なると きいろい おちばを ちらします。

ぎんなん

イチョウ

📝 ものしりメモ　ぎんなんは、イチョウの みです。

18

まちの いきもの

くさばなあそび

みぢかに ある くさや はなを つかって どんな あそびが できるでしょうか。

⌚ タンポポの うでどけい

1 くきを ながめに はなを つむ。
くきを したから はなの つけね まで ふたつに さく。

2 てくびに まわして むすぶ。

👑 シロツメクサの はなかんむり

1 くきを ながめに つんだ はなを 3ぼんほど あわせる。

2 そこに 1ぽんを よこに あてて、ぐるりと むすぶように くきを まわす。
まわした くきを ほんたいと あわせる。

3

4 これを くりかえす。

わっかに なるように、あまった くきを むすびめに さしこんで、できあがり。

20　びっくりクイズ　シロツメクサの べつの なまえは？　　こたえ：クローバー

オシロイバナの パラシュート

1 はなを つけねの がくごと つむ。

2 がくの ぶぶんを ひっぱると、のびて パラシュートの おもりに なる。

☠ どく ちゅうい！
はっぱや たねには どくが あるので くちに いれないで！

スズメノテッポウの くさぶえ

1 うえの ほの ぶぶんを ぬく。

2 はっぱを したに おり、かるく くわえて ふく。

うまく おとが ならない ときは、はっぱの かくどや、ふく つよさを かえて みよう。

おやこではなそう

🐼 ひっつきむしで あそぼう！

くさやぶなどで ふくに よく くっつく たねなどの ことを 「ひっつきむし」と よびます。ふくに つけて、あそんで みましょう。

オナモミ

コセンダングサ

✏ ものしりメモ　オシロイバナの たねを わると、まっしろい こなが でて きます。

まちの いきもの

よるの いきもの

いきものの なかには、あかるい じかんは かくれて いて、くらい よるに なると かつどうを する ものも います。

キクガシラコウモリ

ひとの いえの まわりで むしを たべるよ

ヤモリの あしの うらは、かべなどに はりつける しくみに なって います。

ニホンヤモリ

よるは がいとうの あかりなどに よく あつまるよ

ヤママユ（ガの なかま）

なんだって たべちゃうよ

ドブネズミ

ものしりメモ　とりのように じぶんで はばたいて とべる ほにゅうるいは、コウモリだけです。

アブラコウモリ

たてものの
すきまなどで
ひるは ねて いるよ

🌙 よるに みられる いきものの こうどう

てきに
ねらわれにくい
くらい なかで
ようちゅうから
セミに なるよ

セミ

じぶんの
なわばりを
パトロールして
まわるよ

ネコ

☂ あめの まちの いきもの

あめの ひや、じめじめした ひが
だいすきな いきものも います。

ナメクジ

カタツムリのような
からは もって いないよ

ツクシマイマイ
（カタツムリ）

☠ きせいちゅう ちゅうい！
さわったら てを あらおう。

おやこで はなそう

🐼 あめの ひ、むしは どう して いるの？

あめに あたらないように
かくれて います。
とくに、とぶ むしは あめが
にがてです。

😲 びっくりクイズ　カタツムリの からは、からだと いっしょに おおきく なるのかな？　　こたえ：おおきく なる。　23

むしたちが　じょうずに　かくれて　います。
みんな　かくれんぼの　めいじんたちです。
どこに　いるのか　みつけられますか？

6 かれはのような　わたし♡

アケビコノハ（ガの　なかま）

5 こけが　はえてない　ところが　あるね

キノカワガ（ガの　なかま）

7 トビモンオオエダシャクの　ようちゅう（ガの　なかま）

よく　そだった　えだですよ

8 なかよしの　3びきです！

ナナフシ

📝 **ものしりメモ**　バッタや　カマキリは、すんで　いる　ばしょによって、からだの　いろが　ちがいます。

25

🙌 したも なが～い！

したの ながさは 50 センチメートルくらい あります。

👥 キリンの なかまの もようくらべ

アミメキリン

マサイキリン

ウガンダキリン

🐼 おやこではなそう どう やって ねむるのかな？

キリンの ねむる じかんは みじかく、1にちに 20ぷんほど。やせいでは てきに おそわれないように たった まま ねむります。あんぜんな ばしょでは、すわって ねむる ことも あります。

おしりが まくらだよ

ムニャムニャ

あしが ながいから みずを のむ ときは ひとくろうなんだ

✏️ ものしりメモ　キリンの オスは、せいくらべで つよさを きめます。つので たたかう ことも あります。

さとやまの いきもの

オオスズメバチ

ノコギリクワガタ

オオタカ

オナガ

コジュケイ

ムササビ

ウグイス

カブトムシ

アマガエル

ヘイケボタル

オオムラサキ

セイヨウミツバチ

ゴマダラカミキリ

ヤブカンゾウ

ハンミョウ

カナブン

さんらんして いる タマムシ

セアカヒラタゴミムシ

カブトムシと クワガタムシ

さとやまの いきもの

なつの ひの もりの なか。
カブトムシと クワガタムシが たたかって います。
みつけた おいしい じゅえきを じぶんの ものに する ためです。

カブトムシ
オス　メス　ようちゅう

じゅえきは おれの ものだ！

クワガタムシの もちかた

さとやまの いきもの
ミツバチ

ミツバチは はなから はなへ とびまわり、はなの みつと かふんを あつめます。じょおうバチを ちゅうしんに して、しゅうだんで くらして います。

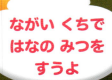
ながい くちで はなの みつを すうよ

ミツバチの すには はちみつや かふんが ためられて います。

セイヨウミツバチ
かふん

おやこではなそう
ミツバチは はなの みつや かふんを どう やって はこぶの？

みつは、おなかの せんようの いぶくろに いれて はこびます。かふんは、からだに ついた ものを だんごのように まるめて、うしろあしに つけて はこびます。

かふんを つける ばしょ

📝 **ものしりメモ** はちみつは、はなから あつめた みつから ミツバチが つくりだした ものです。

ハチの なかま みてみよう！DVD

スズメバチは ミツバチの すを おそいます。ミツバチの ようちゅうを にくだんごに して、じぶんの ようちゅうに あたえます。

オオスズメバチ

ちかづくな！おしりの はりで さすぞ

すは じょうぶな かみで つくられて いるよ

フタモンアシナガバチ

クモを つかまえるのが とくいなんだ

スギハラベッコウ

からだは おおきいけれど おとなしい ハチだよ

キムネクマバチ

どろで つぼの ような すを つくるよ

トックリバチの す。ようちゅうが この なかで そだちます。

キアシトックリバチ

✏️ ものしりメモ　ミツバチも はりで さすことが できます。でも、さした あと、はりが とれて しんで しまいます。

いろいろな むし

さとやまの いきもの

のやまには むしが たくさん います。のんびり あるくと、いろいろな むしと であえるかも しれません。

ゴマダラカミキリ
きの えだや はっぱを たべるんだよ

タマムシ
たかい きに いるよ

カナブン　ハナムグリ

ハンミョウ
じめんを はしって ちいさな むしを つかまえるんだ

アリジゴク　ウスバカゲロウ

アリジゴクは ウスバカゲロウの ようちゅうです。じめんに おとしあなを つくって かくれ、おちてくる アリなどの ちいさな むしを つかまえます。

おやこではなそう

へっぴりむしって ほんとうに いるの？

ミイデラゴミムシは、べつめいで「へっぴりむし」と よばれます。あぶないと かんじると、おしりから「ブッ」と とても あつい ガスを ふんしゃして みを まもるのです。

ひとの ゆび
※あぶないので まねを しないで ください。

🖍️ ものしりメモ　アリジゴクは、じんじゃの けいだいの のきしたなどに いる ことが おおい むしです。

さとやまの いきもの
あきに なく むし

あきの よる、くさむらから むしの なきごえが きこえて きます。オス(おす)たちが はねを こすりあわせて きれいな おとを だし、メス(めす)を さそって いるのです。

おやこで はなそう
むしの こえを まねして みよう！
むしの こえを まねして こえに だして みましょう。そっくりに できるかな？

リーン リーン

スズムシ

チンチロリン
マツムシ

リーリーリー
アオマツムシ

ルルルル
カンタン

チンチンチン
カネタタキ

ものしりメモ むかしの ひとも スズムシを かって、なきごえを たのしんで いました。

44

さとやまの いきもの
うたう とり

さとやまの きぎや、もりからは
とりたちの いろいろな うたごえが
きこえて きます。
どんな こえが きけるのでしょうか？

ピーチュク
ピーチュク

ヒバリ

そらを とびながら
ながく さえずります。

チョットコイ
チョットコイ

ヒン
カラララ

ツピン ツピン

とりの こえを まねして みよう！

とりの こえが きこえたら、
その こえを まねして こえに
だして みましょう。
そっくりに できるかな？

コジュケイ

コマドリ

ヒガラ

ゲーイ
ゲイゲイゲイ

キーキョキー

ホーホケキョ！

ウグイス

オナガ
※にしにほんでは、
みられません。

イカル

ものしりメモ ウグイスは、はるに なると なきごえが きこえはじめるので、「はるつげどり」とも よばれます。

どんぐりと まつぼっくり

さとやまの いきもの

どんぐりは、たねが かたい かわで おおわれた きの みです。
まつぼっくりは、たねに かさが ついた きの みです。
どちらも どうぶつたちの たべものに なります。

どんぐりが だいこうぶつ！

いろいろな どんぐり

ウラジロガシ　シラカシ　ツクバネガシ　ナラガシワ　アベマキ
アラカシ　アカガシ　ミズナラ　カシワ
クヌギ　イチイガシ　ウバメガシ

ものしりメモ　クヌギや コナラなど、どんぐりの なる きには、カブトムシなども よく あつまります。

カケス
コナラ
マテバシイ
シリブカガシ
ツブラジイ
スダジイ

👪 いろいろな まつぼっくり

リスに たべられると?

コメツガ
ハイマツ
アカマツ
エビフライ みたい!
クロマツ
カラマツ

おやこではなそう

🐼 どんぐりに あなを あける はんにん は?

ゾウムシの なかまは ながい くちで どんぐりに あなを あけ、その なかに たまごを うみます。
たまごから かえった ようちゅうは、どんぐりを たべて そだちます。

コナラシギゾウムシ

😲 びっくりクイズ　まつぼっくりを みずに つけておくと どうなる?　　こたえ：かさが とじる

53

やまの めぐみ

さとやまの いきもの

やまには、おいしい きの みが なる しょくぶつが いろいろ あります。また、くきや きの めを たべられる しょくぶつや、キノコの なかまも たくさん はえて います。

とげとげ ちゅうい！

クリ

クワ

モミジイチゴ

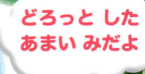

どろっと した あまい みだよ

グミ

はるに じめんから はえて くるよ

つくし（スギナ）

イタドリ

ものしりメモ つくしは おゆで ゆでて、おひたしなどに して たべると おいしいよ。

ペンギン

ペンギンは とりの なかまですが そらを とぶ ことは できません。その かわり、みずの なかを とぶように およぐ ことが できます。

はばたくように およぐんだ

ペンギンの なかま

いちばん ちいさい

いちばん おおきい

フンボルトペンギン
コガタペンギン
ガラパゴスペンギン
イワトビペンギン
アデリーペンギン
ジェンツーペンギン
コウテイペンギン

ものしりメモ ガラパゴスペンギンは、あつい ちいきで くらして いる ペンギンです。

さかなが
だいこうぶつ

 おやこではなそう

ペンギンも ニワトリみたいに たまごから うまれるんだよ

なんきょくで くらす コウテイペンギンは、メスの うんだ たまごを オスが あたためます。
オスは たまごを あしに のせて、こおりの うえに ずっと たった まま あたためます。
ひなが かえり、メスが おなかを いっぱいに して もどるまでの 60にちかん、なにも たべません。

あしの うえの たまごの むきを かえる オス

オウサマペンギン

すいちゅうから ジャンプして ちゃくりく！

そりみたいに すべるんだ

あるくより らくちんだよ

ぴょーーっと

ぼくに ついて きてね

びっくりクイズ コウテイペンギンの ひなは うまれてすぐ、なにを たべる？　　こたえ：オスの ペンギンミルク

59

みずべの いきもの

かわ、いけ、うみなどの きしに ちかい みずべは、たくさんの いきものの すみかに なって います。とくに、はるから なつにかけての みずべは、げんきな いきものの すがたで にぎわいます。

みずべの いきもの
ホタル

なつの はじめの よる。
しずかな かわの まわりで、たくさんの ホタルが ひかって います。

ゲンジボタルの オス

おしりを ひからせて いるんだ

おやこで はなそう
ホタルは ひかって なにを しているの？

オスと メスが であう ためです。ひかりを たよりに して、よい あいてを さがしあって いるのです。
とびながら ひかって いるのは オス。メスは あまり うごかずに ひかります。

みずべの ホタルの なかま

メス　　　　オス
ゲンジボタル　　ヘイケボタル

ホタルの ようちゅう

ゲンジボタルは ようちゅうの ときは みずの なかで くらします。

きれいな みずが すき

ゲンジボタルの ようちゅう

70　**ものしりメモ**　ホタルは しゅるいに よって ひかりかたが ちがいます。

みずべの とり

みずに うかんで およいだり、みずの なかの さかなを とったり。みずべでは いろいろな とりの すがたが みられます。

ハクチョウ ふゆを にっぽんで すごす わたりどりです。

ハクセキレイ

マガモの メス

マガモの オス

カイツブリ みずの うえに すを つくります。

アオサギ

あとに ついて きてね

カルガモ

ママ まってーー!!

しおだまりの いきもの

みずべの いきもの

うみの みずが ひいた とき、いわばに みずたまりが できる ばしょを 「しおだまり」と いいます。
しおだまりには たくさんの いきものが います。

アオウミウシ

アメフラシ

マナマコ

さわられると むらさきいろの えきを だして みを まもります。

つかまえたら にがさないぞ！

イソギンチャクが エビを つかまえました。たくさんの しょくしゅで つつみこんで エビを たべて しまいます。

わあ〜 たすけて！

イソスジエビ

ウメボシイソギンチャク

かにの もちかた

ウツボ

するどい はが じまんだぞ！ かむ ちからも つよいんだ！

ヒョウモンダコ

おこると からだの いろが かわるよ！！

だえきに もうどくを もって います。かまれると ひとが しぬ ことも あります。

カツオノエボシ

さされると でんきショックを うけたように いたいので 「でんきクラゲ」と よばれます。

ラッパウニ

からだの まわりに どくの とげが あります。

ガンガゼ

どくの ある するどい とげで おおわれて います。

おやこではなそう

 どうして どくを もつ いきものが いるの？

どくは じぶんの みを まもる ために もって います。えものを つかまえる ときに どくを つかう いきものも います。

びっくりクイズ　ないぞうに つよい どくを もって いて、ぷーっと まるく ふくらむ さかなは？　こたえ：フグ

79

クイズ だれのうんちかな？

あれれ、いきものの うんちが たくさん！
どれが だれの ものだか わかりますか？
したの いきものから えらんでね。

1 クリのような つぶだよ
2 メロンみたいに おおきいぞ
3 たけの においが するよ！
4 はっぱの うえに あったよ
5 カニの はさみが みえるね
6 ひとの うんちに にてる？

パンダ

ゾウ

カタツムリ

キリン

ラッコ

ゴリラ

こたえ：①キリン ②ゾウ ③パンダ ④カタツムリ ⑤ラッコ ⑥ゴリラ

いきものと むかしばなし
さるかにがっせん

とうじょうする どうぶつ・しょくぶつ
さる　かに　はち　くり

むかし　むかし。
かにが　おにぎりを　もって　あるいて
いると　**さる**が　はなしかけて　きました。
「ねえ、この　かきの　たねと、
その　おにぎりを　とりかえて　あげるよ。
おにぎりは　たべれば　なくなるけれど、
この　たねを　まけば、まいとし　かきが
たべられるから　とくだよ。」
　さるは　**かに**を　うまく　だまして、
おにぎりを　てに　いれようと　したのです。
そうとも　しらずに　**かに**は、よろこんで
とりかえました。
　さるは　ぺろりと　おにぎりを　たべると、
わらって　にげました。

　かには　いえに　かえると、かきの　たねを
まいて、みずやりを　しながら　うたいました。
「はやく　めを　だせ　かきの　たね。
ださぬと　はさみで　ほじくるぞ！」

　かにが　うたう　たび、かきの　たねは
びっくりして　ぐんぐん　そだち、
あっと　いう　まに　たくさんの　かきが　みのりました。
　そこへ　あの　**さる**が　とおりかかりました。
「うわあ、おいしそうな　かきだ！
かにさん、ぼくが　のぼって　とって　あげるよ。」
「それは　たすかるわ。ありがとう。」
　ところが　きに　のぼった　**さる**は、
じぶんばかり　かきを　たべて　います。

81

やがて、かえって きた さるが いろりの そばに すわると、
はいの なかに かくれて いた あつあつの くりが パーンと
はじけて、さるの かおに あたりました。
「いたた！ あちち！ みず、みず！」
　さるが みずがめに いくと、なかから
はちが とびだし、さるの おしりを
ぶすりと はりで さしました。
「ぎゃーっ！」

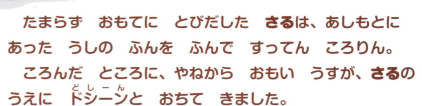

　たまらず おもてに とびだした さるは、あしもとに
あった うしの ふんを ふんで すってん ころりん。
ころんだ ところに、やねから おもい うすが、さるの
うえに ドシーンと おちて きました。

　こがにたちが さるの まえに でて いいました。
「まいったか！ おかあさんの かたきうちだ！」
　さるは こがにたちに ないて あやまり、
それからは みんなに やさしく なったと
いう ことです。

いきものと むかしばなし
かちかちやま

とうじょうする どうぶつ
たぬき　うさぎ

むかし、ある ところに おじいさんと おばあさんが くらして いました。
　ある ひ、おじいさんは、いつも はたけを あらす **いたずらだぬき**を とうとう つかまえました。
「やれやれ、これで はたけも あんしんじゃ。ひとしごとして くるよ。」
　たぬきを なわで しばってから、おじいさんは はたけへ しごとに いきました。

　ところが、おじいさんが はたけから いえに かえって くると、なんと、おばあさんが しんで いました。
たぬきが にげながら おじいさんに いいました。
「やーい、やーい、おいらを つかまえた ばつだ。ばあさんは かんたんに だまされて、おいらの なわを ほどいて くれたのさ。おかえしに、ぼうで なぐって やったのさ！」

　その ようすを **うさぎ**が みて いました。
「なんて わるい **たぬき**だ。おじいさん、わたしが **たぬき**を やっつけますよ！」
　ないて いる おじいさんに、**うさぎ**が いいました。
　つぎの ひ、**うさぎ**は **たぬき**を さそって やまへ わらを あつめに いきました。
　やがて、わらが たくさん あつまると、**うさぎ**は **たぬき**が せなかに しょって いる わらに ひを つける ため、ひうちいしを うちました。

84

カチカチ！　カチカチ！
「おやおや、かちかちやまの　かちかちどりが　ないて　いるよ。」
　うさぎは　そう　いって、ひうちいしの　おとに
きづいた　たぬきを　ごまかしました。
　やがて、わらに　ひが　ついて、
たぬきは　おおやけどを　しました。

　つぎの　ひ、おこった　たぬきは、
うさぎの　いえに　どなりこみました。
「たぬきさん、ごめんね。
おわびに　ふねで　さかなが　たくさん
とれる　ばしょへ　あんないするよ。」
　ふたりで　はまべへ　いくと、
うさぎは　ちいさな　ふねに　のりこみました。

「たぬきさんは、たくさん
さかなの　つめる、あの
おおきな　ふねが　いいよ。」
　たぬきは　よろこんで
おおきな　ふねに　のり、2そうで
うみへ　こぎだしました。

　おきへ　でて　しばらく　すると、
たぬきの　のった　ふねが　とけだしました。
じつは、その　ふねは、うさぎが　どろで
つくった　ふねだったのです。
　たぬきは、どろぶねと　いっしょに
うみに　しずんで　しまいました。

いきものと むかしばなし

じゅうにしの はじまり

むかし、ある としの くれ、かみさまが よのなかの どうぶつたちに しらせました。
「がんじつの あさ、わたしの ところへ きなさい。はやく ついた ものから 12(じゅうに)ばんめまでを、かわるがわる、その としの たいしょうに しよう。」
これを きいた どうぶつたちは おおはりきり。きょうそうに かって、たいしょうに なりたいと、みんなが おもいました。

みなのもの

そして いよいよ、まえの ひの、おおみそかの よる。
ねこが、ねずみに たずねました。
「かみさまの ところへ いくのは あしただっけ？」
「いいえ、あさってですよ、ねこさん。」
ねずみは ねこに うそを おしえました。
その あと、ねずみは、うしが あるいて いる すがたを みかけました。

うしは あしが おそいので、よるの うちに でかける ところでした。
「こりゃあ いいや。ちょっと しつれいっと。」
ねずみは きづかれないように、うしの せなかに そっと とびのりました。

「あっ、かみさまの ごてんだ。やっと みえて きたぞ。」
よが あける ころ、よなかじゅう あるきつづけて へとへとに なった うしは こえを あげました。

スピー

とうじょうする どうぶつ
※りゅうは ほんとうに いる いきものでは ありません。

ねずみ　うし　とら　うさぎ　りゅう※　へび　うま　ひつじ　さる　にわとり　いぬ　いのしし　ねこ

「まだ だれも いないぞ。ぼくが いちばんだ！」
　その とき、**うし**の せなかから **ねずみ**が とびおりて、あっと いう まに ごてんの もんを くぐりぬけて いきました。
「**うし**さん、わるいね。いちばんは もらったよ。」
「もう、**ねずみ**さん、ずるいよ。」
　うしの あと、あしの はやい **とら**が やって きました。
　つづいて ぴょんぴょんと **うさぎ**。そらを とんで **りゅう**。にょろにょろと **へび**が つづきます。
　ぱかぱかと はしって きた **うま**に つづき、**ひつじ**、**さる**、**にわとり**、**いぬ**が とうちゃくしました。
　12ばんめには **いのしし**が かけこんで きました。

おさきに しつれい

　かみさまは うなずいて いいました。
「これで、12ひきの たいしょうは きまりじゃな！」

　さて、つぎの ひ。
　ねこが かみさまの ごてんへ きて みると、すでに きょうそうは おわって いました。
「にゃんだって！ **ねずみ**さん、だましたな！」
　いまでも **ねこ**が **ねずみ**を おいかけまわすのは、この ときの ことを おこって いるからなんですって。

ニャー!!

87

【総監修】
瀧 靖之(脳医学者・東北大学 教授)

【監修】
今泉忠明(動物学者・日本動物科学研究所 所長)

【監修協力】
伊藤弥寿彦
柴田佳秀

【イラスト】
柳澤秀紀(表紙,4-5,36-37,66-67)
川崎悟司(8-9,10,14,19,23,27,31,38,40,45,47,49,55,61,69,72-73,75,76,80-87)
川端修史(20-21,56)
みつふみこ(2)

【装丁】
城所 潤+関口新平(ジュン・キドコロ・デザイン)

【本文デザイン】
新 裕介、天野広和(株式会社ダイアートプランニング)

【執筆・編集】
とりごえこうじ

【写真】
特別協力:アマナイメージズ、アフロ、Getty Images、
　　　　　iStock、PIXTA

海野和男(8-10,12-13,38-40,43-45)　大作晃一(20-21,53)
小檜山賢二(9)　シーピックスジャパン株式会社(62-63)
寺山 守(9)　マザー牧場(56-57)　皆越ようせい(6-7)

【標本写真】
杉山和行(講談社写真部)

【DVD映像制作】
NHKエンタープライズ
大上祐司(プロデューサー)
三宅由恵(アシスタントプロデューサー)

【DVD映像制作協力】
東京映像株式会社

講談社の動く図鑑 MOVE
はじめてのずかん　みぢかないきもの

2018年 3 月14日　第 1 刷発行
2025年 1 月10日　第11刷発行

監修　　瀧 靖之　今泉忠明
発行者　安永尚人
発行所　株式会社講談社
　　　　〒112-8001　東京都文京区音羽 2-12-21
　　　　電話 編集　03-5395-3542
　　　　　　 販売　03-5395-3625
　　　　　　 業務　03-5395-3615

KODANSHA

印　刷　共同印刷株式会社
製　本　大口製本印刷株式会社

©KODANSHA 2018 Printed in Japan
落丁本・乱丁本は購入書店名を明記のうえ、小社業務あてにお送りください。送料小社負担にておとりかえいたします。
なお、この本についてのお問い合わせは、MOVE編集あてにお願いいたします。
価格は、カバーに表示してあります。
本書のコピー、スキャン、デジタル化等の無断複製は著作権法上での例外を除き禁じられています。
本書を代行業者等の第三者に依頼してスキャンやデジタル化することは、たとえ個人や家庭内の利用でも著作権法違反です。

ISBN978-4-06-221005-8　　N.D.C.460 87p 27cm